MANIFESTOS CÓSMICOS I e II

Manifestos cósmicos I e II
Mario Novello

© Mario Novello, 2022
© n-1 edições, 2022
ISBN 978-65-81097-30-1

Embora adote a maioria dos usos editoriais do âmbito brasileiro, a
n-1 edições não segue necessariamente as convenções das instituições
normativas, pois considera a edição um trabalho de criação que deve
interagir com a pluralidade de linguagens e a especificidade de cada
obra publicada.

COORDENAÇÃO EDITORIAL Peter Pál Pelbart e Ricardo Muniz Fernandes
DIREÇÃO DE ARTE Ricardo Muniz Fernandes
PREPARAÇÃO Fernanda Mello
REVISÃO Gabriel Kolyniak
ASSISTÊNCIA EDITORIAL Inês Mendonça
EDIÇÃO EM LaTeX Paulo Henrique Pompermaier
CAPA Lucas Kröeff

A reprodução parcial deste livro sem fins lucrativos, para uso
privado ou coletivo, em qualquer meio impresso ou eletrônico, está
autorizada, desde que citada a fonte. Se for necessária a reprodução
na íntegra, solicita-se entrar em contato com os editores.

1ª edição | Agosto, 2022

n-1edicoes.org

MANIFESTOS CÓSMICOS I e II

Mario Novello

Apresentação	7
Preâmbulo	11
Introdução	13
MANIFESTO CÓSMICO I	33
MANIFESTO CÓSMICO II	61
Referências bibliográficas	89

Apresentação

Há na ciência uma crise recentemente declarada devido à análise da dependência cósmica das leis físicas. Uma de suas consequências levou a uma mudança de atitude dos físicos em relação a outros saberes para que se possa superar a situação que põe em risco a própria consistência e robustez das leis físicas terrestres quando extrapoladas para todo o Cosmos. Os Manifestos Cósmicos apresentados neste livro exibem essa dificuldade e apontam em que direção a solução deve ser procurada. Além disso, questiona-se a relação de dependência, cada vez mais explícita, entre a atividade científica e seu controle pelo *establishment*.

No final do século XIX, o matemático francês Henri Poincaré mostrou que processos não lineares podem admitir situações que não permitem determinar sua evolução, tornando seu comportamento futuro imprevisível. Quase cem anos depois, sua descoberta transformou radicalmente a concepção – havia séculos dominante – de associação do universo como um sistema determinista. Com efeito, a presença do fenômeno de bifurcação no universo provocado por fluidos viscosos acoplados às equações da gravitação, descrita pela Teoria da Relatividade Geral (RG), tornou o universo indeterminista.

Em 1922, Alexander Friedmann, um russo de São Petersburgo, encontrou uma solução para as equações da RG que descreve o universo possuindo uma geometria em que seu volume total varia com o tempo cósmico, em um movimento de expansão.

Nos anos 1940, Richard Tolman, físico norte-americano, sugeriu a possibilidade de haver ciclos no universo, com uma fase de colapso sucedida por uma fase expansionista. A dificuldade dessa proposta se deveu ao fato de que, no modelo cosmológico à época, o mínimo valor do volume do universo seria zero. Significaria então que, nesse modelo, seria impossível passar de uma fase à outra, pois esse ponto singular apagaria qualquer informação anterior.

O matemático austríaco Kurt Gödel mostrou ao final da década de 1940 que a causalidade local não implica causalidade global, isto é, embora tenhamos uma lei de causalidade nos laboratórios terrestres, esse fato não extingue a possibilidade de existirem caminhos no universo que poderiam ser percorridos por corpos reais, realizando aquilo que chamaríamos "volta ao passado" em regiões onde o campo gravitacional satisfaz certas condições especiais.

Nos anos 1960, os matemáticos ingleses Roger Penrose e Stephen Hawking, juntamente com

George Ellis, Robert Geroch e outros estudiosos, mostraram que, sob certas condições, como as impostas no modelo cosmológico de Friedmann, a existência de uma singularidade é inevitável. Nesse ponto singular do espaço-tempo todas as quantidades físicas adquiririam o valor infinito, ou seja, esse momento singular não poderia ser observado nem descrito pela física.

Ao final da década de 1970, os físicos brasileiros Mario Novello e José Salim e os russos Vitaly Melnikov e S. V. Orlov mostraram que as condições de aplicação desses teoremas de singularidade não são gerais. Configurações materiais bem conhecidas podem violar as restrições, gerando um universo sem singularidade. Isso permitiu a recuperação da proposta segundo a qual o universo teria passado por ciclos de colapso e expansão.

A solidariedade cósmica – condição de compatibilidade entre processos locais e globais – sugerida nos anos 1930 por Albert Lautman, matemático-filósofo francês, deveria induzir a solidariedade humana, mudando radicalmente a sociedade, como imaginava Giordano Bruno, um pensador italiano do século XVI – queimado na fogueira por suas ideias contra o *establishment*.

Os destaques que citamos constituem momentos maravilhosos em nossa visão científica do universo. Assim como queriam os primeiros cientistas lá no século XVI, eles tornam grandiosa a tarefa da ciência, pois recuperamos a função nobre da atividade científica quando a comunidade se envolve coletivamente, por simples curiosidade, em aspectos fundamentais de como funciona a Natureza.

Nos tempos atuais, entretanto, a subjugação dos cientistas ao sistema capitalista moderno perverte essa situação, devido aos interesses específicos do *establishment*, que não requer dos cientistas nada além da produção de tecnologias úteis ao ente imaterial que parece controlar os objetivos da sociedade: o *mercado*.

Este livro traz dois textos, "Manifesto cósmico I" e "Manifesto cósmico II", escritos em 2016 e 2021, que explicitam algumas dessas questões.

Para compreender melhor o que acontece na cosmologia – cerne dos manifestos –, iremos rever algumas ideias que constituem o nosso conhecimento atual sobre o universo.

Por fim, é sempre importante lembrar que toda atividade intelectual, todo sucesso da ciência, nunca é obra de uma só pessoa, mas esforço coletivo, gerando erros e acertos que conduzem a esses momentos maravilhosos do pensamento científico.

Preâmbulo

Um duplo princípio circula entre os cientistas – o da univocidade da descrição dos fenômenos da natureza e a rigidez universal das leis físicas.

Aparentemente toda a comunidade científica se uniu em torno desses princípios e rejeita a possibilidade de mais de uma interpretação dos fatos observados e a possibilidade de dependência cósmica das interações.

Para restringir os efeitos limitadores dessa posição do *establishment*, examinaremos duas propostas:

1. a necessidade de estimular observações capazes de evidenciar a alteração das leis físicas terrestres quando extrapoladas ao universo profundo;

2. a exigência de abandonar a orientação tecnocrata que o sistema capitalista sub-repticiamente impõe à pesquisa científica.

Com esse propósito, foram reunidos neste livro os dois manifestos – separados por seis anos.

Um ponto importante dos manifestos concerne à questão do monopólio da descrição do real. Afinal, é nesse território que se estabelece a estrutura do poder político. Para além dos esquemas de repressão da sociedade, é no fundamento da prática científica que se ergue esse espectro de dominação da sociedade moderna.

Nos Manifestos, veremos como o matemático Lautman propõe conciliar a tradicional batalha envolvendo a dicotomia local *versus* global a partir do conceito de solidariedade cósmica. É esse critério que permite entender a questão que nos interessa aqui, a saber: pode a noção de solidariedade ser aplicada ao universo? Observaremos também como um conceito jurídico, usado por semelhança na biologia e nas ciências sociais, pode ser empregado nas ciências da natureza, na física ou, de forma mais abrangente, na cosmologia, na caracterização de cenários cosmológicos de descrição do universo.

Para aqueles leitores que não são da área científica acrescentei uma introdução capaz de tornar compreensíveis os diversos temas apresentados para resumir o substrato.

Introdução

Nos manifestos que seguem, mostra-se a necessidade de uma profunda transformação na atividade cotidiana do cientista, para que ele possa se libertar das amarras que o *establishment* impõe e, uma vez livre, voltar a se encantar com o Cosmos e disseminar o encantamento para a sociedade.

A evolução da cosmologia no último século buscou associar o universo a um sistema rígido a partir da extensão ilimitada das leis físicas terrestres. Essa orientação baseava-se na hipótese de que, ao examinar as leis físicas nos laboratórios terrestres, os cientistas estariam desvendando a estrutura rígida das leis cósmicas, válidas para todo o universo.

A extensão do alcance de aplicação das leis físicas para além da região em que ela foi efetivamente observada é um modo natural de iniciar a descrição científica do desconhecido. No entanto, seu uso absoluto resultou tão impositivo e tão amplo que inibiu qualquer forma de crítica, mesmo naqueles territórios onde essa extensão das leis não possuía qualquer observação.

Essa forma de limitar o pensamento, na tentativa de descrição racional do universo, levou à subordinação a um esquema rígido, cuja origem estaria para todo o sempre inacessível.

No entanto, um movimento subversivo estimulado por cientistas como Paul Dirac, Andrei Sakharov, César Lattes, Fred Hoyle e outros alterou profundamente a descrição do universo ao instaurar o exame da possível variação das leis físicas com a evolução do universo.

Esse sucesso da formulação das leis físicas terrestres produziu um sistema de ordenamento do funcionamento da natureza que permitiu o desenvolvimento tecnológico que sustenta a sociedade atual.

Propor que as leis físicas descobertas na Terra e em suas vizinhanças possam variar com o tempo cósmico global liberta o universo de uma hipotética rigidez, a partir da impossibilidade de aprisionar a sua evolução em um único esquema de modos de pensamento do Cosmos e das leis.

Diante dessa orientação, concluímos que o universo está em formação, é inacabado, eternamente inacabado, submetido a um processo contínuo de formação, criação e destruição para além das limitadas descrições do espaço-tempo. Ou seja, não se trata de uma estrutura única, o espaço-tempo, que está sendo modificada, mas todo esse substrato onde poderíamos referenciar um mundo, o que, no entendimento atual, inclui a geometria, a topologia, os objetos materiais e as diferentes formas de energia.

Deparamos, então, com a questão que tem deslocado o foco da atividade científica para a cosmologia e que pode ser assim sintetizada: como organizar a ciência em um universo no qual as leis físicas variam com o tempo?

E a questão nos faz imaginar outra, que é: como selecionar os caminhos que, a partir de diferentes universos compossíveis que a cosmologia relativista oferece, levam àquele que observamos, o que chamamos nosso universo.

Aparecem então, insistentemente, outros pontos, como, por exemplo: a cosmologia trata de um fenômeno único? Existe só um e este universo? Ou melhor, devemos entender que o universo se define também pela rigidez de suas leis? Uma extensão deste universo, para o passado e/ou para o futuro com leis distintas, deveria ser considerada o mesmo universo?

Essa continuidade formal não se caracteriza pela rigidez de suas leis físicas, mas sim por alguma forma de descrição unificadora que permite passar de uma dessas configurações (que chamamos universo) a outra, não idêntica, que chamaríamos universo – mesmo que suas leis sejam distintas.

Graças ao sucesso da ciência e da tecnologia (e aos sucessivos e constantes elogios que o *establishment* atribui a esse sucesso), fomos ensinados que as leis físicas, uma vez descobertas, constituem rígida forma de comportamento dos fenômenos. São estatutos pétreos que delimitam as ações no mundo.

A extrapolação dessa rigidez para o universo – que originou o modelo padrão da física – associada ao sucesso autorreferente das explicações que emergiram da aplicação dessas leis à astrofísica e à cosmologia sustentaram formalmente essa rigidez. Talvez devêssemos, nós, os físicos, ouvir atentamente o que dizem os biólogos, como Ernst Mayr:

> (...) le monde inanimé est constitué de classes, d'essences et de types au sens de Platon, dont les variations sont "accidentelles" et donc sans importance. Dans une biopopulation, au contraire, chaque individu est unique... alors que la valeur statistique moyenne de cette population n'est qu'une abstraction (...).[1]

Veremos como a ideia de abolir a descrição, em termos de uma geometria única do universo, e de pensar a historicidade de cada processo segue numa direção oposta à do *establishment* da física e constitui, de certo modo, uma biologização da física. Ela permite construir um modo novo de tratar uma das questões desde sempre mais instigantes na história da humanidade: descobrir a idade do universo.

---

1. Ernst Mayr, *Après Darwin*. Paris: Dunod, 2004.

O mito de Deus-Sísifo

A ideia que iremos examinar neste comentário pode parecer estranha num primeiro momento; isso não é uma ilusão. Ela é realmente estranha. Mas não devemos alimentar nosso espírito precisamente dessas ideias? Não sei se ela é original, minha ou de algum amigo meu que a tenha comentado e que, memória indo embora, eu a tenha feito minha; ou se podemos encontrá-la em alguma filosofia ou religião das tantas que se construíram. Não importa. Ela me apareceu subitamente, como um exercício científico coerente com tudo o mais que a cosmologia moderna pode oferecer.

E, no entanto, prefiro apresentá-la sem o beneplácito que o discurso científico oferece.

Se decidi apresentá-la sem o linguajar científico – como poesia, literatura – não teve (essa decisão) nenhum propósito sutil maior de dispensá-la do rigor de seu conteúdo racional. Ou seja, vou apresentá-la como uma proposta para um teatro grego, simbólico de nosso cotidiano, este que não podemos comentar com todas as palavras – mas somente por metáfora.

Alguns filósofos falam mal da metáfora e que devemos nos afastar dela para que ela não contamine com sua superficialidade um pensamento que poderia se aprofundar em nosso interior. Mas seguirei esse caminho – que pode bem ser um daqueles que não levam a lugar algum (isso é, por ele, por essa estrada, não chegarei a um lugar que eu reconheça como "um bom lugar"). Heidegger pede que evitemos esses caminhos que não levam a lugar algum, um *holzweg*, mas penso que são esses que devemos escolher! Porque ali estaremos sozinhos, podendo enxergar esse lugar-algum como uma novidade que deve ser transformada, elaborada e tornada um lugar-comum.

A ideia que quero apresentar aqui, descrita como uma metáfora – implícita nos manifestos –, pode ser expressa de modo ingênuo através de uma reprodução do mito de Sísifo. Trata-se de atribuir a Deus a tarefa de criação de universos como uma função-castigo. Como se ele fosse suficientemente forte para produzir universos, mas não o bastante para deixar de fazê-lo.

Ou, de modo menos fantasioso, técnico, mais convincente, afirmar que a ciência atual permite mostrar que a instabilidade do vazio impede que um universo não possa existir.

E, como veremos na produção de múltiplos universos ou diversas fases do universo, a eternidade de sua configuração parece ser um exemplo notável da sequência de um transfinito idealizado pelo matemático alemão Georg Cantor.

No limiar da ciência: origens
da cosmologia relativista

Para entendermos a extensão da importância das questões anteriores e em que contexto adquirem significado, é necessário examinar, ainda que de modo condensado, a história da cosmologia nos últimos cem anos. Retomarei aqui, resumidamente, a síntese que comentei em outro lugar.

O ano de 1917 trouxe duas grandes novidades que ficaram à margem das terríveis dificuldades trazidas pela Primeira Grande Guerra do século xx. Uma delas, de natureza política, foi a Revolução Socialista de outubro na Rússia, transformada em União das Repúblicas Socialistas Soviéticas. A segunda foi a produção do primeiro modelo cosmológico no interior da ciência. Embora hoje ambas tenham cedido lugar a outras modificações, podemos sem dúvida considerá-las como dois fatos marcantes que o século xx nos legou. Não farei comentários sobre a Revolução Russa, concentrando-me na ciência. Segundo Giordano Bruno, dissociar o político da descrição dos fenômenos físicos observados na natureza é um erro de princípio que nenhum verdadeiro cientista deveria cometer. No entanto, sem negar esse pecado formal, deixarei essa associação – para pensá-la em outro lugar.

Dois anos depois de produzir uma alteração profunda na interpretação newtoniana dos fenômenos gravitacionais, estabelecendo o que chamou Teoria da Relatividade Geral, Einstein examinou as consequências da nova teoria sobre a visão que os cientistas possuíam sobre o universo. Para entendermos a dificuldade dessa tentativa, bem como sua grandiosidade formal, é importante ressaltar que naquele momento a comunidade científica não demonstrava interesse nessa questão consubstanciada na ausência de qualquer observação de caráter global.

Embora vários importantes momentos da história da cosmologia tenham sido forjados no século xx, creio que podemos aceitar que a cosmologia só adquiriu lugar de algum destaque nas atividades científicas a partir dos anos 1960. Em sua proposta de descrição global do universo, Einstein parece ter sido guiado somente por sua intuição formal e suas idiossincrasias filosóficas, dentre as quais a mais crítica foi aceitar a visão pré-relativista, newtoniana, de que o universo deveria ser uma configuração estática.

Há quem acredite que o estado de repouso, o imobilismo, é mais aceitável do que o movimento, que possui inúmeras possibilidades. O estado de quietude parece único. O estado em movimento é, certamente, múltiplo. O argumento que serve de apoio a essa crença considera que, ao atingir esse estado especial – o imobilismo –, ter-se-ia completado uma ação, um processo, que o teria levado à condição estática. O estado inerte seria então o modo mais natural de realizar o fim de um périplo. Einstein empregou essa imagem de quietude para servir de guia em sua exploração de uma cosmologia.

A proposta de cenário cósmico que Einstein propôs se baseava em três hipóteses que se revelaram incorretas, a saber, a topologia do universo é fechada; a geometria que descreve o universo é estática; e a principal fonte da energia controladora da geometria do universo é constituída por matéria incoerente, sem interação entre suas partes, e uma energia misteriosa de estrutura desconhecida, imaterial, a que deu o nome de constante cosmológica.

Esse primeiro modelo cosmológico proposto por Einstein não possui suporte observacional. Com efeito, o modelo padrão da cosmologia atual afirma que a seção espacial do universo é euclidiana; o universo é um processo dinâmico; houve diferentes fontes da geometria ao longo da história do universo.

Havia outro problema adicional ao modelo cosmológico de Einstein e diz respeito à demonstração de que esse modelo é altamente instável. Ou seja, um universo controlado por aquela geometria não teria existido por tempo suficiente para gerar configurações estáveis e permitir o aparecimento de planetas, da Terra, da vida, da espécie humana.

Há, no entanto, duas características da proposta de Einstein que permaneceram. A primeira diz respeito a sua formulação, ao propor a separação do espaço-tempo quadridimensional em três dimensões de espaço e uma de tempo. Longe desta proposta configurar um retorno a ideias pré-relativistas, tal escolha de sistema de coordenadas simplificou muito as equações que descrevem a evolução da geometria que representa o universo.

A segunda, e mais importante, característica do cenário cosmológico de Einstein tornou-se uma questão crucial da cosmologia inserida sub-repticiamente em seu programa e que depende da existência da constante cosmológica contida em sua terceira hipótese, a saber, a proposta revolucionária de que a cosmologia não se esgota na física.

Anos depois, ao final da década de 1930, Lemaître, Hubble e outros mostraram que as observações astronômicas poderiam ser interpretadas à luz da Teoria da Relatividade Geral desde que se abandonasse a hipótese de que o universo possuía uma geometria estática. Essas observações eliminaram completamente o modelo cosmológico de Einstein.

Friedmann e a questão singular

Em 1922 é publicado, em uma revista alemã, o famoso artigo do cientista russo A. Friedmann no qual um cenário dinâmico substitui a ordem congelada do mundo einsteniano. Segundo Friedmann, o universo teria um começo singular no qual o volume total teria o valor zero e cuja data de criação seria dada pelo valor inverso da expansão do universo. Essa singularidade estaria associada ao valor infinito da densidade de energia que estaria curvando o espaço-tempo. Podemos resumir esse cenário com as afirmações de que a totalidade do volume espacial do universo varia com o tempo cósmico; de que sua descrição requer a aceitação *a priori* de leis físicas constantes, imutáveis; de que fenômenos do microcosmo são descritos da mesma forma, tenha esse processo ocorrido há alguns bilhões de anos ou no laboratório terrestre, no CERN ou no Fermilab. Essa univocidade é entendida pelo *establishment* sob o rótulo de coerência.

Esse modelo de Friedmann se tornou padrão da cosmologia graças a duas observações astronômicas: a descoberta do afastamento das galáxias interpretado como variação do volume global do espaço tridimensional, no fim dos anos 1930; e a detecção, em 1964, de uma radiação cósmica de fundo, interpretada como consequência de uma fase extremamente condensada do universo.

Do *Big Bang* ao Universo Eterno

Os primeiros modelos cosmológicos sem singularidade, possuindo *bouncing*,[2] correspondem a um Universo Eterno, tendo uma fase colapsante inicial e, depois de atingir um volume mínimo, diferente de zero, tendo iniciado a atual fase de expansão.

2. Dos físicos brasileiros Novello e Salim e dos russos Melnikov e Orlov.

Um segundo movimento foi responsável por outra forma de alteração do cenário padrão da cosmologia, proposto pelos evolucionistas Paul Dirac, Alexander Sakharov, César Lattes, Fred Hoyle, entre outros, e pode ser sintetizado pela proposta de dependência cósmica das interações elementares. Fazer com que esses processos dependam do tempo cósmico é introduzir a história no processo de sua análise. É aceitar que o universo deve ser entendido a partir da evolução de suas leis físicas.

Como uma extensão natural, por inércia, do que lhe acontece, o homem é inclinado a acreditar que tudo o que existe tem uma criação. A ideia de que algo "sempre existiu" é quase inimaginável e certamente perturbadora. No entanto, a ideia de que este universo em que vivemos criou a si próprio se insere na descrição de processos não lineares convencionais na matemática. É esse caráter não linear que permite entender a autocriação do universo; ou seja, não é necessário sair da análise do universo físico para entender sua origem, pois um processo não linear não requer uma fonte externa que lhe dê origem; isto é, esse universo autocriado não necessita de um agente externo para provocar sua existência.

Universo cíclico

A ideia de que o universo poderia ter diferentes ciclos de colapso e expansão não é nova. No cenário da Teoria da Relatividade Geral, desde a década de 1940, apareciam propostas nas quais um cenário cíclico era tratado dentro do modelo padrão da cosmologia. Atribui-se ao físico Richard Tolman a descrição formal desses cenários no interior da cosmologia relativista. Entretanto, suas ideias não se desenvolveram por uma questão técnica, que creio ser importante descrever.

No cenário descrito na cosmologia de Friedmann, vimos que a identificação da fonte da curvatura do espaço-tempo a um fluido perfeito implica necessariamente a presença de uma singularidade, isto é, um momento na história do universo no qual todas as quantidades físicas relevantes – como a densidade de energia, a temperatura etc. – atingem valores infinitos. Ou seja, não podem mais ser descritos pela física, que é incapaz de associar uma medida realmente realizada a essa quantidade matemática, o infinito. Assim, ao atingir esse momento singular, toda a memória anterior se apagaria. Nesse esquema a própria ideia de universo cíclico perde sentido. Somente quando os modelos com *bouncing* apareceram foi possível dar sentido preciso, coerente, à proposta de que o universo poderia ter ciclos, pois foram descritos a partir de estados-limites de vazio quântico.

Dito de outro modo, assim como esse universo se autocriou a partir de um vazio, quando se autodestruir só sobrará o vazio. Desse vazio se construirá um novo universo.

E depois?

Não temos hoje qualquer indício que permita afirmar que esse processo de criação e destruição tenha um fim.

Uma nova revolução na física

Na virada para o século xx, uma crise que se prolongava por mais de cem anos foi finalmente dissolvida, originando uma profunda restruturação da física. Duas grandes revoluções começavam a aparecer no cenário da física devido a dificuldades em explicar certos fenômenos: a Teoria da Relatividade (Especial e Geral) e o mundo quântico.

Na formulação da relatividade especial, transforma-se a estrutura estática de um espaço absoluto tridimensional e um tempo absoluto em um espaço-tempo em quatro dimensões, igualmente absoluto. O passo crucial dessa teoria foi o abandono da tradicional geometria euclidiana e a aceitação de uma geometria mais geral, uma particular geometria riemanniana, plana, isto é, de curvatura nula, que recebeu o nome de geometria de Minkowski.

Quanto à gravitação, ela foi posteriormente associada a alterações na geometria, retirando o caráter absoluto da métrica de Minkowski, no que ficou conhecida como Teoria da Relatividade Geral.

Por outro lado, durante um longo tempo, a caracterização da luz como onda ou partícula dividiu a comunidade científica até que ficou claro que o comportamento da luz depende do valor de sua energia. Quando o comprimento de onda da luz (o inverso de sua frequência) é extremamente pequeno, a energia extremamente elevada, sua aparência como corpúsculo predomina. Quando ele é grande, seu caráter ondulatório aparece claramente. O físico francês Louis de Broglie fez então uma analogia inusitada que resultou em enormes consequências na evolução da teoria quântica.

Sem medo de lançar uma ideia que os colegas consideravam fantasiosa, até mesmo esdrúxula, Louis de Broglie propôs: assim como a luz poderia ser descrita por uma dualidade de configuração (onda-corpúsculo), por que não imaginar que essa dualidade possa se estender igualmente a toda matéria? A ideia mostrou-se extremamente frutífera.

Assim que apareceram, tanto a Teoria da Relatividade quanto a quântica foram alvo de críticas violentas por alguns célebres cientistas que ocupavam importantes posições na comunidade.

Nas últimas décadas do século passado, uma terceira revolução surgiu vindo de uma conexão local-global, quando se reconheceu a interação profunda entre as propriedades locais e globais, cuja origem se encontra na solidariedade do Cosmos.

Essa revolução – a dependência cósmica das leis físicas terrestres quando extrapoladas ao universo profundo – é consequência direta da ação da gravitação. Ela aparece onde a gravitação assume valores extremamente elevados.

É precisamente a interação da matéria com um campo gravitacional intenso – através da curvatura do espaço-tempo – que provoca essa mudança no comportamento dinâmico das leis.

Do ponto de vista observacional, tudo se passa como se houvesse uma dependência com o tempo cósmico das leis físicas, o que nos leva a reconhecer que no universo profundo devemos transformar as leis físicas em leis cósmicas.

É essa situação que institucionaliza o que chamamos de terceira revolução na física e que deve ser acrescentada àquelas duas outras revoluções do século xx, as teorias da Relatividade e dos Quanta.

No entanto, essa terceira revolução tem outra natureza, e uma dificuldade nova aparece, pois, diferentemente das duas revoluções anteriores – cujas críticas veementes puderam ser respondidas com resultados de experiências preparadas em laboratório terrestre –, a terceira depende da dinâmica do universo, o que torna a situação mais complexa.

Com efeito, devido ao caráter universal da gravitação e ao fato de que é sempre atrativa, ela não permite realizar experiências preparadas, como nos demais processos físicos. A análise do universo gravitacional só pode ser feita através de observações não controladas.

As leis físicas foram estruturadas e consolidadas por experiências realizadas na Terra e suas vizinhanças, onde o campo gravitacional é bastante fraco. Nessa região, é possível reconhecer que os efeitos gravitacionais envolvendo explicitamente a curvatura do espaço-tempo podem ser desprezados e que, portanto, os efeitos da gravitação sobre os corpos podem ser localmente eliminados por uma simples escolha de representação.

A constância das leis físicas terrestres se deve ao procedimento adotado pelos físicos de organizá-las a partir de situações nas quais a curvatura do espaço-tempo não desempenha papel importante na dinâmica da matéria.

Quando, ao contrário, a influência da curvatura é suficientemente grande, capaz de alterar o movimento dos corpos, então a dependência temporal dessas leis aparece claramente.

Devemos então, para evitar expressões dúbias, modificar o que chamamos lei física pela expressão lei cósmica. Note que não se trata somente de uma alteração de representação, mas da afirmação de que a lei física não pode ser extrapolada sem ser alterada – e a essa alteração damos o nome de lei cósmica.

Universo histórico

A análise que resumimos neste texto impõe a necessidade de procurarmos estabelecer uma nova compreensão da ordem cósmica que emerge da dependência temporal das leis físicas.

No *Manifesto cósmico* conhecemos a proposta da solidariedade cósmica do matemático e filósofo francês Albert Lautman. Esse conceito permitiu entender a coerência das leis físicas em um universo dinâmico, organizando a compatibilidade formal entre o local e o global.

Dessa análise de elaboração da terceira revolução na física, aprendemos que as leis cósmicas exigem uma investigação das propriedades da curvatura do espaço-tempo nas regiões onde ela é extremamente intensa. Como no cenário convencional da cosmologia a curvatura depende somente do tempo cósmico global, segue então a inesperada consequência: a historicidade do universo, isto é, a dependência das leis físicas (terrestres) com o tempo cósmico.

Assim, limitando a sujeição atual da orientação da ciência de seus aspectos práticos, focando em uma descrição completa da evolução da matéria e energia em todo o espaço-tempo e estabelecendo esse retorno aos ideais primeiros dos pais fundadores da ciência, estaremos reconstruindo o encantamento do universo.

O reconhecimento de que as leis cósmicas são históricas e a necessidade do esclarecimento da interpretação e do significado da variação da lei física tornam vital reformular a atividade científica na construção de uma representação do Cosmos.

Concluímos então que é necessário recuperar a união entre os diversos modos de conhecer a natureza; não somente para seguirmos juntos – nós, cientistas, com nossos companheiros de outros saberes –, mas também para convencê-los a realizarmos juntos essa tarefa grandiosa de renovação da ordenação científica do Cosmos, à qual o Manifesto conclama.

MANIFESTO CÓSMICO I

Somente quando colocamos a cosmologia na frente de nossas intenções de dialogar com a natureza, aceitando seu efeito desestabilizador do pensamento tradicional da física, eliminando assim o nevoeiro que envolve o discurso formal da ciência fixado pelas práticas que configuraram a sociedade, é possível enxergar com clareza as consequências da aceitação de que a verdadeira ciência fundamental é histórica. É de compreender o alcance revolucionário dessa historicidade que trataremos.

Parte 1: A questão

1.   Até aqui a ciência tem tido sucesso na construção de uma estrutura formal capaz de produzir tecnologias geradoras de transformações do cotidiano da sociedade. Em particular, esse projeto permitiu pensar a construção de estruturas globais como consequência formal de processos locais. Uma versão sofisticada, mas igualmente idealista, assegurou na prática a convicção de que o todo se produz a partir de suas partes e de algumas circunstâncias específicas. Foi graças a essa ilusão que a ideia de unificação dos processos físicos instalou-se na sociedade dos físicos como

um Eldorado a ser conquistado. Não como um simples fator simplificador, mas como uma etapa indispensável para a compreensão dos fenômenos observáveis.

2. Quando, no exercício prático de suas atividades, o cientista se restringe a uma conversa com seus pares, a ciência progride como esquema conservador. Somente quando é levada a dialogar com a natureza, seu espírito revolucionário aparece. (Para aqueles que não convivem com a prática cotidiana do fazer ciência, essa sentença parece incoerente, pois não deveria ser sempre assim a prática científica? No entanto, a estrutura política da organização científica exige um afastamento de fato daquela prática.)

3. Existe uma crença generalizada segundo a qual uma ideia hegemônica, quando aparece no interior de uma dada ciência, deve ser entendida como uma verdade, provisória certamente, mas como uma certeza que transcende a simples opinião e que é típica dessa atividade de investigação da natureza exercida pelos cientistas. No entanto, nem sempre é assim. Podemos apontar exemplos em várias áreas. Encontramos um caso típico na análise da origem explosiva do universo como descrito na cosmologia da segunda metade do século xx. A comunidade científica aderiu de modo quase leviano ao pensamento

único segundo o qual teria havido um momento de criação do universo ocorrido há uns poucos bilhões de anos. Esse cataclismo cósmico único ficou conhecido, por sua enorme repercussão na mídia, pela expressão *big bang*.

O termo "aderiu" é usado propositadamente para enfatizar seu caráter não científico. Os detalhes dessa adesão e as razões pelas quais a comunidade científica internacional se deixou seduzir por essa ideia podem ser encontrados nos livros listados ao final.

É preciso, no entanto, esclarecer uma confusão que foi sistemática e ostensivamente propagada referente ao *big bang*, pois esse termo possui duas conotações bem distintas. Em sua utilização técnica, entre os físicos, ele significa a existência de um período na história do universo em que seu volume total estava extraordinariamente reduzido. Consequentemente, a temperatura ambiente era extremamente elevada. Isso é um dado da observação apoiado em uma teoria bem aceita. Praticamente todo cientista da área considera correta essa explicação, pois ela permite entender um número grande de observações astronômicas. Um segundo uso, agora mais ideológico, para o mesmo termo *big bang* requer sua identificação à existência de um momento de criação, singular, para o universo. Durante as últimas décadas, essa segunda interpretação se espalhou pela sociedade exercendo uma função que ocupou o espaço imaginário da criação do mundo, até então controlado pela religião. E, no entanto, tratava-se de uma hipótese de trabalho travestida de verdade científica.

4. *Nós só reconhecemos uma ciência: a ciência da história*, afirmam Marx e Engels em *A ideologia alemã*. Como entender essa sentença no interior da atividade científica, na física, por exemplo? Somente aprofundando uma autocrítica que permita exibir as origens de sua refundação na cosmologia — a ciência histórica por excelência. Não exclusivamente baseada na aceitação da variação temporal do volume total do universo, mas por outros indícios esclarecedores, como a existência de processos de bifurcação.

5. É verdade que essa historicidade foi alardeada aqui e ali diversas vezes. A proposta recente mais atraente se deveu a Prigogine, que deu um passo nessa direção, propondo uma aliança formal entre as diversas ciências e as humanidades. No entanto, sua extensão foi tímida, por não ter incluído em sua análise a cosmologia, apoiando-se exclusivamente em processos descritos na física e na química, ciências locais. Somente ao considerarmos a cosmologia e sua função desestabilizadora é possível enxergar com clareza a amplitude do conceito de que a ciência fundamental é histórica.

6. Imaginar que as leis da física são eternas e imutáveis, dadas por um decálogo cósmico, é ter uma visão a-histórica dos processos no universo. Apenas introduzindo a dependência cósmica das interações é possível retirar qualquer resquício de irracionalidade da descrição dos fenômenos na natureza e afirmar a força do modo científico de pensar o mundo. É ingênuo pensar que no século xx se tenha introduzido a função histórica na cosmologia somente porque se conseguiu (a partir de interpretações especiais de dados astronômicos) caracterizar a dinâmica gravitacional como processo de expansão do universo, negando o imobilismo cósmico do primeiro cenário cosmológico proposto por Einstein. A dependência das leis da física em relação ao processo de evolução dinâmica do universo retira o conteúdo principal que orientava os cientistas na busca da unificação das leis físicas entendidas então como fixas e imutáveis. A cosmologia enfraqueceu essa paz racional aceita, até então, como natural e definitiva.

7. Os físicos não consideraram seriamente aquela afirmação de Marx e Engels porque a quase totalidade dos cientistas acreditava que aqueles filósofos estavam se referindo às questões humanas, o território natural da historicidade. A física, a ciência da natureza por excelência, sempre foi associada a uma prática que lida com processos que não se submetem à evolução e transformação às quais aquela asserção sub-repticiamente remete. No entanto, há argumentos sólidos segundo os quais aquela sentença pode efetivamente ser aplicada igualmente à física.

8. As leis da física são "para sempre"? Talvez fosse importante esclarecer ao leitor que, ao tratar das mudanças das leis da física, não estou me referindo àquelas alterações que fazem parte natural de seu procedimento de conhecimento. Sabemos que as leis de Newton — por exemplo, o seu cenário espaço absoluto e tempo absoluto — foram alteradas por Poincaré e Einstein. Esses não mostraram que Newton estava errado, e sim limitaram o alcance de sua descrição da natureza. Esse procedimento, essa correção de rumo, é corriqueiro em todas as atividades sociais, e diz respeito não ao objeto de exame, a natureza, mas à condição humana. Não é a essa historicidade de representação do real que estou me referindo, mas a da alteração das leis da natureza como intrínseca ao cosmos.

9. As necessidades do sistema econômico moderno não requerem essa historicidade, mas não lhe são hostis, pelo menos enquanto ela não inibir o modo de produção da ciência. Pois, na visão utilitarista dominante, o que se quer da ciência é o fundamento que permite o desdobramento de novas técnicas capazes de gerar tecnologias, produtos. É assim que a prática dos cientistas é conduzida, sub-repticiamente, à sujeição aos modos de dominação capitalista.

10. A alienação não se encontra na atuação formal no interior da atividade científica, nem em seus modos sociais, mas no próprio fazer ciência, na elaboração de novas questões, nos caminhos para sua solução e, principalmente, no abandono da prioridade maior dos cientistas: a pura curiosidade.

Parte I bis: O Universo Solidário

11. Até muito pouco tempo atrás, a microfísica e, de modo mais amplo, a física terrestre eram pensadas fora do contexto cósmico. Elas pareciam não necessitar de explicação ulterior, eram tratadas como sistemas autorreferentes, sem admitir qualquer forma de análise extrínseca para constituir uma razão autoconsistente. No entanto, nas últimas décadas, a cosmologia invadiu abruptamente esse domínio tranquilo do pensamento positivista dominante e destruiu a paz racional daqueles que acreditam que a Terra, os homens, possuem um papel especial no universo.

12. Essa interferência cósmica sobre a física local não deve ser entendida como a substituição de uma razão absoluta por outra razão igualmente absoluta. Não se trata de trocar o absolutismo associado ao caráter universal da física local pelo de uma física global. A questão é um pouco mais complexa. O matemático A. Lautman faz uma bela síntese do que está em jogo em seu livro *Essai sur les notions de structure et d´existence en mathématiques*. Ao examinar a dicotomia local-global, ele propõe uma alternativa extremamente interessante com consequências tentaculares, referindo-se à possibilidade de produzir uma síntese orgânica entre diferentes teorias matemáticas que tratam das conexões local-global e que escolhem o predomínio de uma sobre a outra. Lautman argumenta que é preciso estabelecer uma ligação poderosa entre a estrutura do todo e as propriedades das partes, de modo a que se manifeste de maneira clara e precisa, nessas partes, a influência organizadora do todo ao qual elas pertencem. Esse ponto de vista, que parece adotar ideias e programas retirados seja da biologia, seja da sociologia, pode aparecer na matemática como um procedimento de síntese. Para isso, deve-se abandonar o programa de Russell--Whitehead de reduzir a matemática a estruturas lógicas atomísticas; bem como a visão de Wittgenstein e Carnap, segundo a qual as matemáticas nada mais são do que uma linguagem indiferente ao conteúdo que elas exprimem. De modo semelhante ao que ocorreu na cosmologia relativista na última década, com o abandono da axiomatização Penrose-Hawking, estruturada para dar apoio à identificação da existência de um momento único de criação do universo separado de nós por um tempo finito.

13. Em outro lugar me estenderei sobre esse caminho que Lautman propôs. Aqui, serve somente como citação, como um exemplo de análise do que está acontecendo no território da cosmologia, para apontar que essa questão transcende nosso plano de exame das questões da física e constitui, em verdade, uma área de reflexão em diversos territórios do conhecimento. Ou seja, uma vez mais, nos deparamos com limites incertos de uma questão bem definida em um território que permite uma análise especial em outro. Embora distintas, essas questões tratam de algo que aproxima os diferentes modos de compreensão da realidade e que constitui o conjunto das ciências da natureza e humanas. Exemplos concretos dessas ideias têm sido examinados nos últimos anos.

14. Como disse recentemente, isso coloca a todos nós, físicos, cosmólogos, pensadores de outras áreas, como grandes companheiros em uma caminhada maravilhosa rumo à compreensão do universo, tendo por base a ideia de que a natureza possivelmente está ainda em formação. Não somente em processos e fenômenos, mas na constituição de suas próprias leis.

15. E surge então a questão, como mudam as leis? A estabilidade das leis da física observadas em laboratório terrestre decorre do fato de que sua dependência temporal envolve tempos cósmicos. Isso significa que somente olhando o universo em grande escala podemos observar esse processo de modificação. Exemplos importantes para detectar essa evolução são a análise da nucleossíntese, que determina a abundância dos elementos químicos no universo, bem como o exame dos processos que deram origem ao excesso de matéria sobre antimatéria; fenômenos excepcionais, que ocorreram em um estágio extremamente denso do universo, nos primórdios da atual fase de expansão.

Parte II: Aparências

16. A questão inicial envolve o *status* do princípio reducionista, tão importante para os físicos. Esse princípio, que ao longo do século xx teve um sucesso extraordinário, pretende que qualquer processo na natureza, qualquer sistema, independentemente do grau de sua complexidade, pode ser explicado a partir da redução a seus elementos fundamentais, conforme, por exemplo, aqueles descritos pela física microscópica. Aplicado

esse princípio ao universo, concluiu-se, de modo simplista, que não poderia haver nenhum efeito novo capaz de modificar as leis da física a partir da análise global do universo. A única alteração, se houvesse, poderia ser quantitativa, mas não seria qualitativa. Esse princípio, dito "do microcosmo para o macrocosmo", foi usado como um guia para o tratamento das questões cósmicas.

17. Por outro lado, sabemos do sucesso que teve o alcance da compreensão das propriedades das diferentes substâncias a partir do reconhecimento e da exploração de seus constituintes, de seus átomos fundamentais. A tabela de Mendeleiev trouxe notáveis avanços na compreensão de propriedades comuns a diferentes substâncias. Sem a noção de átomos, de elementos fundamentais a todos os corpos, as dificuldades em dar sentido e compreender um grande número de processos com os quais nos deparamos no cotidiano ou em experiências programadas seriam certamente maiores. Esse sucesso, no entanto, foi levado a um extremo que passou a ser não mais um instrumento útil de análise da realidade, mas, ao contrário, um conceito inibidor do pensamento. Passou-se das moléculas aos átomos, e desses aos componentes mais elementares, prótons e elétrons. E, continuando esse procedimento, aos *quarks* e possivelmente a outros constituintes fundamentais. O reducionismo a componentes

elementares foi entendido não como uma tentativa de compreensão baseada em observações, e sim como uma prática de pensamento que deveria desempenhar o papel de uma superlei, à qual toda e qualquer proposta científica deveria se submeter: como se fosse uma verdade isenta de crítica ulterior.

18. Descartar a importância da ação de processos de natureza global, que não podem ser compreendidos pela justaposição de processos elementares, foi certamente um retrocesso no caminho desbravador dos astrônomos que, desde o século XVI, iniciaram a revolução científica e estabeleceram a ciência moderna. No século XXI, graças ao aperfeiçoamento de poderosos instrumentos capazes de aprofundar um novo olhar para os céus, pode-se produzir modos inesperados de compreender e reestruturar as leis da natureza. Assim, astrônomos e cosmólogos estão uma vez mais criando condições para o surgimento de uma profunda mudança no modo científico de descrever a natureza.

Parte III: Práticas

19. Podemos aprender, com a história das ideias, as enormes dificuldades com as quais o programa de autocrítica da ciência que estamos descrevendo inevitavelmente se defronta.

20. Essa proposta desqualifica a ideia de que o conhecimento científico se identifica como a perseguição à pedra de Roseta dos processos físicos — um tradutor automático das leis da natureza e suas representações —, uma ilusão que sustenta ideologicamente muitos procedimentos científicos. Curiosamente, a eficácia desses procedimentos independe dessa ideologia.

21. Entramos então no território da cosmologia. Mas, do que vimos acima, não devemos nos satisfazer com a extensão automática da física aos confins das galáxias, mas empreender o caminho percorrido pelo universo para que nele pudéssemos estar. O homem não pode deixar de considerar seu ponto de vista como extremamente relevante, produzindo sua história. Ao mesmo tempo, deve colocar sua presença no cosmos como acidental, não como essencial, caso contrário, cederia a um processo de "autoadulação" da espécie, uma extensão do conceito individual introduzido por Flavia Bruno.

Parte IV: Antecedentes

22. Uma ciência como a cosmologia não vem à cena social como no estabelecimento de uma ordem política, mas como um saber. É desse território que ela envia mensagens interpretadas como ordens e de onde se extrairá consequências para atuar sobre a ordenação social. De braços dados com outros saberes científicos, oferece, gratuitamente, verdades.

23. Devemos refletir sobre essa gratuidade e sobre essas verdades. Precisamente porque elas constituem o substrato que permite a condução do pensamento formal e, nos tempos atuais, a geração de uma forma definitiva (e, no entanto, paradoxalmente, mutável) da quase totalidade das certezas que compõem essa rede invisível, mole, líquida, que permeia os compromissos sociais e que controla sub-repticiamente nosso ser político.

24. É com base nessas premissas que esse manifesto foi elaborado e que decidi torná-lo público, concluindo sua redação e desenvolvendo as propostas e demonstrações que ele exige ulteriormente.

25. Precisamos esclarecer algumas premissas e hipóteses que constituem o pano de fundo onde se desenvolve essa crítica, ou melhor, onde decidimos empreender esse diálogo para entender o modo real de fazer ciência. Sendo cientista, a primeira questão que deve ser esclarecida é essa: devemos considerar esse movimento como uma autocrítica ou podemos permitir àqueles outros, os não cientistas, julgamentos ao nosso funcionamento? Podemos deixar penetrar em nosso território críticas que não foram estabelecidas em nosso campo de ação? Que talvez nem aceitem nosso modo de escolher aquilo que é importante e merece ser tema de diálogo? Ou devemos aceitar somente dissensões internas, que muitas vezes são vistas pelos do lado de lá, por aqueles que acreditam na ciência e não a questionam (talvez por se sentirem incompetentes para isso) como teimosias de quem (ainda) não possui "o verdadeiro conhecimento"? Como podemos exibir críticas internas que tendem a diminuir o poder acumulado ao longo dos séculos pela atividade científica?

26. A história da ciência tem repertoriado um grande número dessas batalhas internas. Mas elas, quase sempre, são vistas como um momento necessário, uma passagem inevitável rumo ao conhecimento. Esse processo é corriqueiro, quase trivial, mesmo que seja associado a uma formidável batalha formal. Mas não é disso que quero tratar aqui e, como veremos, a razão principal se deve à especificidade da cosmologia.

27. A cosmologia está se tornando (ou melhor, voltando a ser, depois de um longo período mecanicista, ideologicamente voltado para a formalização determinista do mundo) um território de reflexão e refundação do pensamento. É ali que se encontra hoje — como em seu primeiro movimento, quando os astrônomos, há mais de trezentos anos, fundaram a ciência moderna — novos modos de pensar a natureza. É talvez por isso que no encontro *Humanidades*, realizado no Forte de Copacabana, durante a conferência Rio+20, o pensamento ecológico foi procurar no cosmos sua fonte de inspiração, querendo entender quem somos, que mundo é esse, como esse universo se estruturou, em qual direção e suas alternativas.

28. Vimos a extensão desse movimento no reconhecimento de que devemos ultrapassar a ideia antropocêntrica e simplista de que para entender o universo é preciso antes interrogar a nós mesmos. O pensamento cósmico está na base dessa reflexão sobre a humanidade. Não devemos restringir nosso olhar para a Terra e nossa vizinhança. Mas também é importante não esquecer que existe somente essa Terra como nosso *habitat*, não é fechando os olhos para o mundo sublunar que podemos produzir alguma sentença significante sobre a existência do universo.

29. No passado, as religiões olhavam para os céus e de lá traziam verdades e leis rígidas a serem seguidas. Seus sacerdotes detinham o poder como consequência de seu saber aò intermediar o homem e o universo. Agora que a ciência se apoderou do saber sobre o universo, foi possível dispensar os antigos intermediários. No entanto, não deveríamos substituir antigos sacerdotes por novos. Não deveríamos trocar sacerdotes por cientistas para exercer essa função.

30. Ao lançar uma ponte com duas direções entre a cosmologia e outros saberes, estamos tentando evitar essa atração, esse terrível desejo humano de ser, ao mesmo tempo, escravo e senhor.

31. Ao percorrer os caminhos que antecederam o Manifesto, ficou clara a questão da técnica e o modo pelo qual alguns filósofos, como Heidegger, estabeleceram a conexão que provoca a dependência de nossa visão do mundo dessa técnica.

32. Não nos interessam as razões que são chamadas para intermediar o modo pelo qual os físicos tentam desqualificar o papel fundamental da cosmologia enquanto refundação da física. Importa, sim, seu papel como um modo de ser da desqualificação da refundação como um procedimento técnico, formal.

33. Não podemos aceitar a redução imposta pela sociedade dos físicos em caracterizar a cosmologia como nada mais do que uma física extragaláctica (com possíveis alterações, convencionais ou não), ou seja, a aplicação das leis da física construídas nos laboratórios terrestres e em

sua vizinhança, ao universo. Consequentemente, atribuindo àqueles que pretendem caracterizar a análise do universo além da simples aplicação formal das leis da física como possuindo uma orientação externa, além da ciência, metafísica — como se isso servisse para uma acusação desqualificante. Em verdade, esse procedimento tem por função disfarçar aquilo que nos anos de fundação, na década de 1920, era entendido como a questão cosmológica, querendo com esse termo enfatizar o aspecto problemático da aplicação da física ao universo.

34. A cosmologia teve um sucesso enorme nos últimos anos e a mídia não cansa de exibir seus efeitos exuberantes, um *show* de pirotecnia a partir da seleção de catástrofes cósmicas.

35. Nuccio Ordine, em seu Manifesto, parte literata desse nosso, fala da utilidade daquilo que é inútil. Seria esse o destino maior da cosmologia? Procurar as origens do universo é um trabalho de Sísifo? Cuidadosamente preparado para não ser acabado?

36. Quando, em setembro de 2015, nos aproximamos, cosmólogos, literatos, filósofos, físicos, antropólogos, mitólogos, em um encontro que chamamos *Renascimentos*, nos deparamos com a questão da ética, que pareceu ser por onde deveríamos começar nossa caminhada comum. Como um recomeçar. E ali ouvimos os detalhes das razões de sempre apresentar essa atividade como um recomeço. Só assim entendemos, então, porque o cosmos deve ser pensado como um compromisso ético, que Galileu, Newton, Giordano Bruno e outros, no começo histórico dessa caminhada, conscientemente ou não, nos legaram.

Parte v: Processo e historicidade

1. A totalidade do volume espacial do universo varia com o tempo cósmico. Há uma dinâmica que carrega as origens do cosmos para um tempo longínquo, possivelmente no passado infinito. Entendemos isso como um processo, com diferentes atores dominando a cena cósmica, em períodos de condensação distintos;

2. Essa dinâmica é uma evolução. Mas não pode ser identificada com o surgimento da historicidade na física, porquanto o cenário convencional, padrão, impõe sua descrição a partir de leis físicas dadas *a priori*, constantes, imutáveis;

3. Processos elementares, como a desintegração da matéria, nesse cenário, são configurações congeladas, fixas, ocorrendo de

modo idêntico em qualquer momento da evolução do universo, mesmo quando o universo estava extraordinariamente concentrado. Isto é, são fenômenos descritos da mesma forma, tenha esse processo ocorrido há alguns bilhões de anos ou no laboratório terrestre, no CERN ou no Fermilab. Essa univocidade é entendida pelo *establishment* sob o rótulo de coerência;

4. A dependência cósmica dessas interações elementares, como, por exemplo, processos de desintegração da matéria, geridos pela interação de Fermi, provoca uma mudança nessa interpretação. Fazer esse processo depender do tempo cósmico é introduzir, ainda que limitadamente, a história no processo de sua análise. É aceitar que o universo deve ser entendido a partir da evolução de suas leis físicas;

5. Esse processo de historicidade é brando, ou seja, admite uma descrição em termos formais simples, associados a formalismos conhecidos e que podem ser compreendidos a partir de configurações observadas nos laboratórios terrestres;

6. Um exemplo de historicidade dura aparece ao entendermos que os fenômenos a serem

descritos, associados à evolução da estrutura métrica do espaço-tempo, possuem bifurcações;

7. A origem formal para isso se encontra no caráter não linear das equações da interação gravitacional que descrevem esses processos;

8. Ao mesmo tempo, esse caráter não linear permite entender a autocriação do universo;

9. Dito de outro modo: não é necessário sair da análise do universo físico para entender sua origem, pois um processo não linear não requer uma fonte externa que lhe dê origem;

10. Ou seja, esse universo autocriado não necessita de um agente externo para provocar sua existência;

11. É a partir dessas considerações, baseadas em análises de evolução do universo e de suas leis básicas, que é possível desenvolver uma autocrítica da ciência.

Parte VI: As questões

Tratava-se, no começo, de verbalizar o que pode e o que não pode ser dito e, a partir do discurso científico, enumerar questões que parecem fantasiosas ou são entendidas como associadas a processos irrealizáveis, isto é, utopias controladas. Ideias que, embora pertençam a um sistema formal correto, decorrente de uma teoria em vigência, são abandonadas por sua aparência fantasiosa, estranha, entendidas até mesmo como incoerentes, graças a uma leitura antropocêntrica baseada na identificação completa da natureza física com a natureza humana, ignorando os diversos níveis de complexidade e de organização que constituem obstáculos reais para isso. A origem das dificuldades dessa identificação, bem como a impossibilidade de tratar todos os processos — da microfísica ao universo — a partir da utilização do dialeto newtoniano, o modo de descrever a realidade pela linguagem da física clássica, gerada nos tempos de Newton e seus companheiros, a linguagem cotidiana, pode ser compreendida ao reconhecermos o erro em sua extrapolação, que lhe atribuiu um caráter universal e absoluto. Aparecem, então, linhas de investigação que apontam para questões que não são resolvidas dentro do cenário convencional, sendo, portanto, qualificadas como utopias, associadas, por exemplo, às sentenças que seguem.

Parte VI bis: Utopias controladas
(o que não pode ser dito)

37. É possível que tenha havido (o uso temporal aqui é indevido) outros mundos;

38. É possível que o universo esteja ainda em formação, ou seja, inacabado;

39. As leis da física não são imutáveis. A dependência cósmica das interações exige uma nova forma de entender a evolução do universo;

40. Essas variações permitem mapear diferentes domínios espaço-temporais do cosmos;

41. Limitar nossas considerações sobre o universo às regiões causais constitui uma limitação formal que, fora de um dogmatismo absolutista, nenhum cientista pode justificar, como nas estruturas acausais de Gödel;

42. Comentários sobre as origens no infinito passado do universo;

43. Análise de bifurcações no cosmos e as consequentes alterações na causação, ao longo da evolução do universo, gerando sua historicidade;

44. O vazio cósmico e buracos brancos injetando matéria nova no universo;

45. O cosmos como um processo aberto, território de encontro das diversas formas criadas para refletir, entender, produzir a realidade.

Parte VII: Declaração

A autocrítica que vimos comentando nesse Manifesto põe em relevo um mal-estar que atinge o modo científico de conduzir o pensamento racional sobre o que existe.

A ciência, sem perder sua intimidade original com a filosofia, deveria servir para libertar o homem da submissão a um projeto único de pensar o mundo. Infelizmente, isso não ocorre, em razão do papel que hoje lhe é atribuído, a subordinação de sua função à técnica, na construção de um mundo pervertendo nosso cotidiano.

A ilusão da configuração pétrea das leis físicas terrestres, a hipótese de sua atuação ilimitada no cosmos, sua dependência estreita e completa do antropomorfismo que a domina, produz forças extremamente poderosas que impedem de fato a construção dessa liberdade.

No entanto, a atividade científica, tal como a identificamos nesse texto, pode servir para essa função libertária, de par com a filosofia e os demais saberes. Afinal, por estarmos caminhando pela mesma estrada, nem sequer deveríamos perceber que escolhemos discursos distintos para fazer comentários sobre o mundo.

Rio de Janeiro, 20 de março de 2017

MANIFESTO CÓSMICO II

A instabilidade do vazio leva a afirmar
que o universo estava condenado a
existir.

Introdução

Esse texto trata de questões que têm sido igno-
radas ou tiveram uma atenção tímida por parte
dos cientistas. Iremos nos concentrar em três aspectos fundamentais que se fizeram ausentes nos
temas principais de investigação da física e que levam a uma desconstrução do caráter absoluto das
leis físicas quando extrapoladas para o universo.
São eles: solidariedade cósmica, o universo par-
tido e a dependência cósmica das leis físicas.

Iremos buscar inspiração para nossos comentários nas propostas e modos de dialogar dos
primeiros cientistas, nos momentos iniciais da
organização da ciência, onde a ruptura entre os
diversos saberes não estava ainda consumada.
Em particular, colocaremos novamente em relevo questões filosóficas sobre o mundo no interior do discurso científico e empreenderemos
um diálogo com outros modos de análise do real.

1. Considerando a ordem estabelecida na organização científica nos dias atuais, é quase impossível deixar de aceitar que o filósofo Martin Heidegger tinha razão em seu ácido comentário sobre a atividade científica ao afirmar:

> A ciência é, hoje, em todos os seus ramos, uma questão técnica e prática de aquisição e transmissão de conhecimentos. Ela não pode, de forma alguma, como ciência, produzir um despertar do espírito. Ela tem, ela mesma, a necessidade desse despertar.

Como responder a essa crítica? Ou melhor, como compreendê-la? Antes de a analisarmos, façamos uma pausa para um comentário, que será um guia importante nesse nosso texto.

Pode parecer absurdo comparar a argumentação dos filósofos Marx e Engels sobre a crise que, no século XIX, eles exibiram na sociedade, com a situação na ciência no século XXI. E, no entanto, uma leitura atenta de seus escritos, associada ao conhecimento da atividade dos cientistas, expõe uma analogia impressionante e que permite parafraseá-los, em uma crítica ao desenvolvimento científico.

> Há décadas, a história da ciência confunde-se com a história da tecnologia e se relaciona com as crises dos paradigmas que, recorrentes de tempos em tempos, põem em xeque a independência da orientação científica de sua ordenação tecnológica, arrastando a crise para toda a sociedade científica.

Nos dias de hoje, o cientista vale e é considerado pela quantidade de artigos que consegue publicar em revistas internacionais. Isso produziu uma diminuição considerável no encantamento e na reflexão sobre o universo, uma tarefa que os primeiros cientistas no século XVI consideravam ser a sua função mais nobre.

Assim, podemos detectar um movimento desestabilizador na atividade institucional na ciência, ao analisarmos as relações de produção e circulação dos textos científicos e o papel das sociedades científicas. O cientista se vê lançado em uma confecção ininterrupta de artigos, limitando a profundidade de sua reflexão sobre questões fundamentais.

Espelhando a argumentação daqueles filósofos, isso pode ser entendido como consequência de um fenômeno que seria inconcebível em épocas passadas e que se organiza, atingindo diretamente a atividade do cientista: a epidemia da superprodução.

2. Quando uma crítica em uma determinada área do conhecimento produz uma transformação com consequências amplas e profundas, aqueles que estão longe do centro dessa ação dificilmente são informados imediatamente. Há um processo viscoso de relaxação da informação

que descreva de modo fiel o abalo que a crítica tenha efetivamente produzido e que pode demorar um longo tempo até atingir a sociedade.

A descrição de um desses movimentos que ocorre no interior da prática da cosmologia dos últimos anos, serve para exemplificar como está mudando a representação científica do universo e como isso afeta a sociedade ao transbordar para outros saberes.

Como se trata de questões técnicas, nossa tarefa será imensa, de tamanho igual à nossa pretensão, que é a de permitir aos não iniciados, estudiosos de outras áreas, o acesso a essas novidades.

Como método de trabalho, iremos inverter o procedimento convencional e ao invés de descrever sistematicamente os estudos e propostas que a cosmologia está oferecendo bem como seus resultados formais – o que exigiria de nossos leitores um interesse muito especial pelo conhecimento científico – resolvemos apresentar de imediato um resumo condensado das ideias gerais que possam extravasar para outros saberes, deixando a tarefa de fazer uma exposição mais ampla em outro lugar e nas referências anexas.

Devemos ter em mente que a análise que estamos realizando não se resume a um negócio entre físicos, em uma convencional luta por visões distintas de um procedimento técnico, mas tem caráter genérico, permeando toda organização científica.

Nossa tarefa é produzir uma conexão que aproxime questões cotidianas com reflexões sobre a formação do universo. E, de mesmo modo, pensar o cosmos e suas questões para inseri-las em nosso cotidiano.

3. Todo manifesto pretende a um só tempo desconstruir uma narrativa e construir uma versão que venha ocupar seu lugar. Assim, em um primeiro momento, deveríamos esclarecer: qual narrativa se está criticando? Qual a nova proposta para substituí-la?

A primeira pergunta possui uma resposta simples: trata-se de questionar a supremacia do pensamento único associado desde sempre ao conhecimento cientifico. Assim fazendo, estaremos levando essa crítica para outros modos de produção de conhecimento, além do território do saber científico, limitando uma das suas consequências mais nefastas: a uniformização do pensamento – um mal-estar que permeia, de modo quase incontrolável, a sociedade capitalista nos dias atuais.

Quanto à segunda, a resposta é mais complexa e iremos apresentá-la ao longo desse texto. Antes de começarmos, um pequeno comentário para esclarecer a ação nefasta do pensamento único em um território onde não se esperaria nenhuma crítica à sua determinação.

4. Existe uma crença generalizada segundo a qual uma ideia hegemônica quando aparece no interior de uma dada ciência deve ser entendida como uma verdade, provisória certamente, mas como uma certeza que transcende a simples opinião e que é típica dessa atividade de investigação da natureza exercida pelos cientistas. No entanto, nem sempre é assim. Podemos apontar exemplos em várias áreas. Um caso típico encontramos na análise da origem explosiva do universo como descrito na cosmologia da segunda metade do século xx. A comunidade científica aderiu de modo quase leviano ao pensamento único segundo o qual teria havido um momento de criação do universo ocorrido há uns poucos bilhões de anos. Esse cataclisma cósmico único ficou conhecido, por sua enorme repercussão na mídia, pela expressão *big bang*. O termo "aderiu" é usado propositadamente para enfatizar seu caráter não científico. Os detalhes dessa adesão e as razões pelas quais a comunidade científica internacional se deixou seduzir por essa ideia podem ser encontrados nos textos citados ao final.

É preciso, no entanto, esclarecer uma confusão que foi sistemática e ostensivamente propagada referente ao termo *big bang* pois ele possui duas conotações bem distintas. Em sua utilização técnica, entre os físicos, ele significa a existência de um período na história do universo onde seu volume total estava extraordinariamente reduzido. Consequentemente, a temperatura ambiente era extremamente elevada. Isto é um dado da observação apoiado em uma teoria bem aceita. Praticamente todo cientista da área considera correta essa explicação pois ela permite entender um número grande de observações astronômicas. Um segundo uso, agora mais ideológico, para o mesmo termo Big Bang, requer sua identificação à existência de um momento de criação, singular, para o universo. Durante as últimas décadas essa segunda interpretação se espalhou pela sociedade exercendo uma função que ocupou o espaço imaginário da criação do mundo, até então controlado pela religião. E, no entanto, tratava-se de uma hipótese de trabalho travestida em verdade científica.

As leis da física e as orientações cósmicas: como entender a sentença "o universo está ainda em formação"

5. A principal novidade, que tem origem nas recentes análises teóricas e observacionais da cosmologia, pode ser sintetizada na afirmação da dependência cósmica das leis físicas. Uma tal proposta é, sem dúvida, um ataque frontal à paz do pensamento único antropocêntrico que, tradicionalmente, tem controlado a construção e manutenção do ordenamento científico. O elevado *status* da ciência na sociedade faz com que essa ordem extrapole para outros saberes e procedimentos, desembocando na ação política.

6. Alguns cientistas não conseguem conceber como se pode falar de "lei física" se ela variar no espaço ou no tempo. Podemos citar, como exemplo, o matemático francês Albert Lautman.

7. Para entender a limitação da argumentação crítica de Lautman é preciso separar claramente o que é considerado como lei física, organizada teórica e experimentalmente na Terra, de sua extrapolação para todo o universo. Isso porque além de nossa vizinhança, além do sistema solar, além da nossa galáxia, onde novas formas de interação ocorrem, não é possível manter a mesma descrição dos fenômenos. As leis, o modo pelo qual descrevemos os acontecimentos e suas causas, não são as mesmas e isso se deve, principalmente, à ação da gravitação.

8. A forma da lei física se modifica. Ainda podemos falar de organizações de comportamento dos corpos físicos, mas sua estrutura não é isenta de contaminações decorrentes de sua posição no espaço-tempo. Algumas alterações são suaves, outras tornam a lei irreconhecível. A principal origem dessas transformações é devida a efeitos associados a campos gravitacionais extremamente intensos que, por exemplo, existem nos momentos de extrema condensação do universo.

9. Essas alterações, essas mudanças das leis não afetam observacionalmente os fenômenos em nossa vizinhança terrestre. Por que, então, procurar conhecer as variações das leis no cosmos profundo, se elas não influenciam nosso cotidiano?

A resposta é simples e é aquilo que orientou os primeiros cientistas a organizarem a ciência: por curiosidade.

10. Reconhecemos assim que, além do modo utilitarista, existe ainda esse encantamento por conhecer o universo em que vivemos. Essa, e somente essa, é a razão para procurar entender como se estruturam as leis cósmicas. Nesse caminho, estudando as alterações ainda pouco conhecidas das leis físicas, surge a esperança de que possamos enxergar em que direção o universo se move, e por quê.

Das leis físicas às leis cósmicas

(Onde se organiza a cosmologia como ciência do cosmos e se apresenta um caminho para uma crítica do *status* das leis físicas)

11. A dependência cósmica das leis da natureza produz uma nova forma de entender o processo de constituição dessas leis, em substituição ao cenário idealista — que sempre foi considerado como uma hipótese natural – de tratá-las como uma configuração fixa, universal e atemporal, inacessível a uma análise ulterior. A consequência mais notável desta dependência consiste na rejeição da hipótese tradicional de pensá-las como tendo caráter universal.

A mudança de atitude que a nova descrição do universo faz surgir da cosmologia moderna conduz ao abandono do antropocentrismo que dominou desde suas origens o pensamento científico. A cosmologia, exibindo essa dependência das leis da física com o tempo cósmico global leva a afirmar, de modo semelhante às teses de Marx e Engels, que toda ciência deve ser histórica.

12. Esse Manifesto Cósmico II não tem a intenção sub-reptícia de afirmar um saber arrogante nem de tentar impor uma ordem a partir de um conhecimento. No entanto, é preciso esclarecer com rigor as bases do que estamos afirmando, pois decidimos usar um saber específico para expressar uma visão de mundo. Não podemos deixar esses detalhes formais para outro lugar. Ao propor um caminho, devemos esclarecer com que argumentos ele se sustenta.

13. Em um primeiro momento, é preciso separar claramente o que é considerado como lei física, organizada teórica e experimentalmente na Terra, de sua extrapolação para todo o universo. Isso porque além de nossa vizinhança, além do sistema solar, além da nossa galáxia, onde novas formas de interação ocorrem, não é possível manter a mesma descrição dos fenômenos.

14. As leis, o modo pelo qual descrevemos os acontecimentos e suas causas, não são as mesmas. A forma da lei física se modifica. Ainda podemos falar de organizações de comportamento dos corpos físicos, mas sua estrutura não é isenta de contaminações decorrentes de sua posição. Algumas alterações são suaves, outras tornam a lei irreconhecível.

15. Só quando reconhecemos essa dependência espaço-temporal é possível ainda falar de leis guiando comportamentos dos corpos, determinando diferentes processos e que então devem ser entendidas não mais como extrapolação de leis físicas terrestre, mas sim como leis cósmicas.

Comentários sobre o *establishment*

16. Essas reflexões pretendem reunir um certo modo de compreender, interpretar, acionar a ciência. Isso é feito a partir de sucessivos embates entre um pensamento que se fecha e persegue essa reclusão como desejável, finita e definitiva; contra um pensamento aberto, sem limites, que não persegue o poder e não se cansa de exibir a inesgotabilidade do real. Entendendo a ordem

científica-tecnológica contemporânea como subordinada estreitamente a interesses políticos e de controle, podemos ser levados a indagar se, ao querermos nos libertar dessa dominação, ainda estamos fazendo ciência, mesmo sem reverenciar o poder.

17. Vamos deixar claro: a autocrítica da ciência que iniciamos no Manifesto Cósmico de 2016 não pretende reduzir o pensamento racional e substituí-lo por um movimento de predominância irracional. Ela não pretende diminuir a eficiência da ciência, mas sim produzir espaço para uma análise que devemos empreender e que consiste na elaboração de uma crítica da prática científica e que iniciamos com a autocrítica dos profissionais da ciência. Ou seja, esclareçamos de imediato, trata-se de uma autocrítica dos cientistas, não do método.

18. Essa autocrítica não agrada os cientistas, nem àqueles que fazem da ciência sua religião, nem à sociedade capitalista moderna que suga a atividade científica para sustentar uma ordem controlada por superestruturas que se pretendem imaginárias, camufladas, inacessíveis.

A etapa mais importante do Manifesto anterior é sua explícita ação contra o antropocentrismo, árdua tarefa. Ao mesmo tempo, enfatizar na atualidade o papel dos cientistas, quando o desencantamento da natureza carregou consigo para o ostracismo o maravilhamento face ao Universo que os primeiros astrônomos nos haviam legado.

19. A autocrítica deve ser tal que possa exibir a atividade científica atual como sustentáculo de um modo técnico que tem como consequência sub-reptícia, a devastação da natureza. Durante algum tempo essa crítica dirigiu-se para o mal explicito, a saber, a bomba atômica, a produção de gases venenosos, a criação de bactérias assassinas. Devemos então exibir essas consequências que se escondem por trás de uma organização racional que norteia a atividade científica. E, em um segundo momento, nos preparar para voltar a empreender o caminho original, que se escondeu nos tempos modernos e que consistia em pensar a natureza com olhares curiosos e não de dominação.

As sociedades científicas foram lançadas a um estado de uma guerra que não é de ideias, mas de paradigmas a serem seguidos, como se entrássemos em uma religião. O jovem cientista que não for aceito nessa organização religiosa não tem futuro.

20. Do que queremos nos libertar? De imediato, do pensamento único, e procuramos realizar tal libertação no interior da prática científica.

Por exemplo, fomos ensinados a aceitar que cada processo físico possui uma e somente uma explicação. É então por uma crítica dessa afirmação que devemos começar nossa análise.

Colocar ordem no mundo, ou reconhecer uma ordem no mundo, é escolher de modo seguro e universal um paradigma de representação. É precisamente essa escolha, uma prática inerente ao método científico, que produz o que eu chamo paradigma paralisante. Ao eliminar explicações alternativas, outras possibilidades de descrição dos fenômenos, elimina para o presumido sucesso essa multiplicidade indesejada e complicadora (identificada como falsa) e faz de uma delas sua colagem ao real, que se torna assim, de fato, uma verdadeira definição da realidade. Um exemplo típico, como vimos, foi a identificação do momento mais denso do universo (chamado *big bang*) com a criação do mundo.

A bem da verdade, todo paradigma que se estabelece como tal é, necessariamente, paralisante. É parte intrínseca de suas características eliminar os concorrentes. Nada solidário pode advir da instalação de um paradigma. Perseguir a solidariedade é visar à eliminação de qualquer paradigma. Ou seja, aprofundar a afirmação de que nenhum problema admite somente uma solução.

Quando essa univocidade parece acontecer, é porque o problema está colocado fora de seu contexto. Ao incluí-lo em um contexto maior, imediatamente aparecem diversos caminhos. Ou seja, a univocidade esconde uma escolha de representação.

Na natureza, contrariamente ao que a ciência tem sub-repticiamente aceitado, o normal se realiza em bifurcações. Por isso, podemos afirmar que toda ciência que investiga o cosmos deve ser histórica.

Estamos assim questionando a convicção implícita de que os enunciados científicos sobre os fenômenos observados que legitimam esse saber não estão isentos da multiplicidade de representações que se pretende, a todo custo, evitar.

Ao longo da história humana, passou-se do discurso sem fundamentação fenomenológica, da produção religiosa ou política da descrição do real a uma atitude científica de descrição. No entanto, o desejo extrínseco da univocidade, a escolha de representação única dos fenômenos, faz entrar pela porta dos fundos o que havia sido expulso ostensivamente pela porta de entrada.

Essa escolha de representação, embora de aparência escamoteada e escondida, é de natureza política. Isso se dá porque ela não ocorre exclusivamente por adequação e coerência aos processos fenomênicos, mas sim por uma escolha arbitrária, embora consensual, de uma específica representação. É através da orquestração e aceitação, pelo *establishment*, dessa univocidade que se esconde seu caráter político.

21. Essa crítica pode parecer inútil e ingênua. Inútil, porque não alcança os fundamentos dessas atividades e suas funções sociais. Ingênua, porque não consegue atingir o alvo verdadeiro, capaz então de diminuir a ação perniciosa e nociva do modo atual como se estrutura a atividade científica. Pensando o que aconteceu no passado, as propostas que surgiram e como foram abandonadas e/ou desvirtuadas, resultando sempre na manutenção do *status* permanente do sistema de poder e no sucesso inabalável do *establishment*, somos alertados que somente uma luta contínua, cotidiana, explícita, contra o sistema de pensamento dominante pode ser eficiente nessa libertação.

Horizonte próximo

22. Não resta dúvida de que a Cosmologia destruiu a paz racional que a ciência ordeiramente, pacientemente e eficientemente organizou nos últimos 400 anos.

A imagem de um universo pronto, com leis físicas eternas deve ceder lugar a uma estrutura volúvel, variável, dependente da posição no espaço-tempo.

Se o universo está ainda em construção (não somente fenomenologicamente, mas em suas próprias leis) torna-se necessário uma radical transformação da interpretação da ciência. A menos que aceitemos o fracasso do projeto que os pais fundadores, Kepler, Galileu, Brahe e outros nos legaram de encantamento em nossos comentários científicos sobre o cosmos e limitemos essa atividade não mais com o objetivo de desvendar o mistério das leis nele embutidas e reduzamos a função dos cientistas à produção de tecnologias.

Intermezzo

Algumas áreas da física, em especial aquelas consideradas fundamentais – como a Cosmologia e a Física de partículas elementares – parecem ser territórios isentos dessa crítica tecnológica. Um exame mais cuidadoso mostra que essa isenção é somente limitada.

É possível superar a crise na atividade científica que apontamos acima, individualmente. Para isso é necessário que o cientista faça constantemente uma autocrítica de sua atividade.

No entanto, como crise institucional da ciência, ela só será ultrapassada quando a sociedade entender e exigir que ela retorne a seus fundamentos e não se submeta ao desenvolvimento tecnológico. Se isso acontecer é porque a estrutura social, as relações de produção e os interesses da sociedade se transformaram tão profundamente que a noção de humanidade teria então adquirido seu verdadeiro significado.

Em verdade, um bom caminho, o longínquo ideal, se traduz em uma só sentença: voltar a contemplar o cosmos ao invés de pretender dominá-lo.

O cenário global – 1

23. Construímos um universo. Organizamos leis cósmicas. Ordenamos sequencialmente observações que descrevemos como extensões de nossos corpos. Vamos além. Impomos que essas leis se refiram a nossos corpos. Produzimos um mundo.

24. Da redução dos corpos a coleção de átomos, reconhecemos nossa identidade cósmica. Afinal, astrofísicos-poetas revelam que somos restos mortais de uma estrela. Pois é da morte de uma estrela e de sua liberação de carbono no meio interestelar que retiramos parte de nosso ser.

E, no entanto, não somos só isso. Processos complexos intervêm e (nos) organizam, a nível elementar, como espécie e como indivíduos. Nossa identidade se forma como única. E, como tudo que existe, pretende existir eternamente.

25. A visão atual da ciência exibe um Universo Eterno, esse nosso. Essa descrição de um universo sem singularidade, para além de um cenário restrito e irracional, só foi aceita depois de uma batalha de mais de meio século contra o *establishment* que considerava que a descrição do universo era dada pelo chamado Big Bang, um cenário que fixava a existência do universo a uns poucos bilhões de anos e cuja origem seria jamais acessível.

O cenário global – II

26. Nos deixamos levar pela ideia simplista de que o futuro do universo está determinado pela quantidade de energia e matéria que nele existe. Assim, o universo se expandiria para sempre ou recolapsaria e teria um fim no esmagamento de toda a matéria existente, a inversão do impossível e midiático *big bang*. Essas possibilidades conquistaram um grandiloquente anúncio espalhado pelos físicos.

27. No entanto, no universo real, da natureza, não dos homens, inacabado, graças à dependência temporal das leis físicas, na novidade gestada nas entranhas do cosmos, outra forma de futuro aparece no horizonte. É dela que é preciso falar.

28. Desde os anos 1940, o físico americano Richard Tolman propunha pensar o universo como cíclico. Fases de colapso e expansão. Essa proposta não pôde se desenvolver, pois ao aceitar em sua descrição do universo a existência de singularidade, impedia a continuidade formal dessa série colapso-expansão. Em 1979, quando apareceram os primeiros cenários não singulares com *bouncing* – possuindo uma fase de colapso seguida de uma fase de expansão – a ideia original de Tolman pôde ser desenvolvida. Ou seja, aceitar que o universo é cíclico.

Restos das leis cósmicas

1. O Universo impõe seus limites e suas qualidades.

2. Os elementos fundamentais dos átomos, próton e nêutron, tem características próprias, às quais os físicos consideram como um dado da observação. Eles não questionavam a origem desses valores. Os cosmólogos, voltados para a unidade do mundo, penetrando na metacosmologia, vão procurar o que lhes deu esses valores. Por que a massa do nêutron é exatamente essa? Por que a massa do próton é exatamente essa? Como seria um universo se essas massas fossem diferentes?

3. Para entender o sentido dessas questões, é necessário o pensamento global. Isso não implica acesso à solução, mas permite pensar a questão. Colocá-la como uma questão significante e procurar um compromisso entre o local e o global, procurando as coerências relativas, para encaminhar uma resposta.

4. Não podemos esquecer que o universo, controlado pela gravitação, sob a descrição da Relatividade Geral, produz bifurcações, sugerindo mais de um caminho para sua evolução, que a natureza escolhe aleatoriamente.

Antropocentrismo cósmico

As proibições que as leis da natureza impõem, não devem ser entendidas como absolutas. A dependência cósmica das leis da natureza enfraquece esse absolutismo. Um processo proibido em um dado cenário pode ocorrer em outro. É isso, por exemplo, que a violação do número bariônico nos ensina. Ou seja, o fato de que reconhecemos uma lei proibindo processos não deve ser entendida como uma proibição absoluta. O *environment* determina o alcance no espaço e no tempo dessa proibição. É assim que o físico Sakharov pôde conceber a existência de matéria e não de antimatéria no nosso universo.

Além do universo em construção, que vimos examinando, há outras duas características, modos de tratar o universo e suas formas distintas: o universo em disrupção e o universo solidário.

O universo partido

Repartir e generalizar. Procurar o caminho único e produzir coerência. Aceitar uma só lei cósmica, uma organização que permite pensar o universo unificado.

A questão causal. Caminhos que levam a um tempo anterior. Caminhos fechados no espaço-tempo. Kurt Gödel ensinou como torná-los possível, mesmo em uma teoria que se pretendia determinista como a Relatividade Geral. Para desagrado dos físicos e, em particular, do seu criador, Albert Einstein.

O universo com regiões desconexas. Sem contato umas com outras, sem poder interagir, causalmente desconectadas. Ou seja, pedaços de universo separados. Como falar de unidade, então? Como nomear esses pedaços de universo distintos, se não podemos organizá-los em uma estrutura causal única?

Um caminho: criar uma coletânea de unidades em uma representação que conduza à construção de uma conexão fora do espaço-tempo e que seja formalmente capaz de englobar essas partes disruptivas, rompendo a restrição causal e, assim, desconstruir o tempo único.

A solidariedade no universo (compatibilizando propriedades locaise globais) ou o universo solidário

Vimos no Manifesto de 2016 como o matemático Lautman, ao introduzir o conceito de solidariedade cósmica, propõe conciliar a tradicional batalha envolvendo a dicotomia local x global.

Devemos enfatizar que esse conceito jurídico – solidariedade –, usado por semelhança na biologia e nas ciências sociais, pode fazer sentido nas ciências da natureza, na física ou, mais abrangentemente, na cosmologia, e ser aplicado na construção de cenários cosmológicos de descrição do universo.

Mais do que isso, esse conceito pode contrabalançar o papel autoritário e arrogante proposto por cientistas que procuraram dar um sentido ao universo de caráter eminentemente antropomórfico.

Solidariedade aqui pode ser entendida como compatibilidade, coerência no sentido da matemática e da física. Ou seja, devemos entender a solidariedade como a pedra de toque para aplicar a regra de ouro de Lautman na compatibilização entre o micro e o macrocosmo, entre as propriedades das partículas elementares e as características globais do universo. Exemplos esclarecedores são a origem cósmica da massa (Ernst Mach), a não linearidade das teorias de campo (Born-Infeld) e a dependência cósmica das interações fracas (Novello-Rotelli).

Podemos entender o uso do conceito de solidariedade na formulação de Lautman a partir dos princípios da matemática. Trata-se de conciliar propriedades locais e globais. Para que essa compatibilidade seja bem sucedida, uma troca eficiente de informação deve percorrer todo o universo. De outro modo, deveríamos aceitar que o controle da evolução do universo estaria dado por um determinismo *a priori*, relacionado a desconhecidas condições iniciais de estruturas locais descritas por equações diferenciais.

Uma tal perspectiva leva naturalmente a introduzir a ideia de eficácia limitada da compatibilização lautmaniana. Dito de outro modo, levados a aceitar que o universo tenha passado por várias fases ou ciclos, cada um deles podendo ser caracterizado por um número S (de solidariedade no sentido de Lautman) cujo domínio de valor deve ser posto entre zero e um. O valor zero sendo o menos solidário, o menos competente na conciliação entre propriedades locais e globais e, inevitavelmente mergulhando no não-ser, como no modelo cosmológico estático de Einstein; o valor um sendo o máximo de compatibilidade possível, o limite idealizado de Lautman.

Comentário final

Talvez em nenhum outro território a ciência provoque um sentimento tão intenso quanto o que se produz na cosmologia, na investigação do universo.

A cosmologia desperta um sentimento transcendental, escondido, que foi reprimido pela ciência ao retirar Deus do controle do mundo e colocar as Leis Físicas em seu lugar. Deus era único e eterno, sem possibilidade de evolução. Assim também se pensava com as Leis Físicas e por isso (semelhantemente ao Deus que ela retirava do controle do mundo, para ocupar seu lugar) um choque terrível se dá quando se depara com a possibilidade de que essas Leis possam não ser rígidas, imutáveis, que elas possam depender do tempo cósmico.

A simples ideia de que as Leis podem variar com o tempo cósmico cria um movimento delicado no interior da ciência. É essa indesejável situação que desde sempre provocou a rejeição da ideia de variação dessas Leis como um processo possível no universo.

Quando Deus teve que ceder lugar às Leis Físicas, os cientistas estavam construindo uma nova ordem no mundo, descobrindo como o mundo se organizava. Em um primeiro momento, a grandiosidade revelada do cosmos foi comparada ao mecanismo de um relógio, um ritmo perfeito, contínuo e inexorável. Para essa substituição, trocava-se a infalibilidade divina pela rigidez das Leis Físicas.

No entanto, quando se foi compelido a admitir que essas Leis poderiam variar com o tempo cósmico, com a história do universo, um processo começou a se desenvolver e a erodir o mundo da ciência.

Com a elevação do *status* científico da Cosmologia e a produção de cenários cosmológicos, uma contradição interna na ciência se estabeleceu, ao se considerar a hipótese da dependência cósmica das interações.

Ao mesmo tempo, uma contrapartida notável apareceu, com o reencantamento do universo, como pretendiam os primeiros cientistas.

Reconhecemos então que é esse caminho que pode evitar a previsão de Heidegger, segundo a qual a ciência estaria se dirigindo inexoravelmente para a total dependência da tecnologia, o que se costuma atribuir ao controle de um ente imaterial, "o mercado".

Pensava-se que o fim da ciência seria devido à sua extrema eficiência, depois de ter construído o conhecimento completo sobre a matéria, sobre o mundo. No entanto, devemos temer um outro fim, que, segundo Heidegger, seria devido à sua submissão total ao programa tecnológico, ao *establishment* que ajudou a construir.

Essa contradição interna na ciência raramente é percebida de fora.

Assim como os historiadores ensinam como se perdeu o sentido da relação transcendental do artesão com sua obra no sistema feudal, destruída pela ascensão da burguesia; assim também, de modo semelhante, poderia ocorrer na ciência, com os aparelhos de Estado controlando totalmente seu desenvolvimento.

5 de abril de 2022

Referências bibliográficas

Dependência cósmica das leis físicas

CARTAN, E. *Le parallélisme absolu et la théorie unitaire du champ*. Paris: Hermann, 1932. p. 18.

DICKE, R. H. "Mach's principle and a relativistic theory of gravity in Relativity", groups and topology. Les Houches, França: Gordon and Breach Publishers, 1964.

DIRAC, P. A. M. *Nature* v. 139, n. 323, 1937.

LINDE, A. "Gauge Theory and the variability of the gravitational constant In the early universe" in *Pisma Zh. Eksp. Teor. Fiz.* v. 30, 1979, p. 479; *Phys. Lett.* 93B, 1980, p. 394.

MELNIKOV, Vitaly N. "Variation of constants as a test of gravity, cosmology and unified models".

_____. "Gravity as a key problem of the Millenium".

NOVELLO, M. e Rotelli, P. "The cosmological dependence of weak interaction" in *J. of Physics A* v. 5, 1972, p. 1.488.

NOVELLO, M., Santoro, A. e Heinztmann, H. "Is parity violation a cosmological evolution effect?" in *Physics Letters* v. 89A, n. 5, 1982, p. 266.

SAMBURSKY, S. "Static universe and nebular red shift" in *Physical Review* v. 52, 1937, p. 335.

H. HEISENBERG, conferência: "É evidente que a passagem da ciência para a filosofia deu origem a grande número de mal-entendidos, mas não acredito que seja útil separar os dois domínios de modo absoluto e dizer: aqui está o homem da ciência que é competente, lá o filósofo. Ao contrário, julgo que é de proveito permitir que o cientista fale de filosofia e o filósofo algumas vezes de ciência, mesmo com o perigo de criar novos mal-entendidos. O resultado pode ser de tanta utilidade que vale a pena correr o risco".

Efeitos gravitacionais repulsivos da matéria comum

Embora a gravidade seja uma força estritamente atrativa, os efeitos gravitacionais repulsivos são um tema central no Modelo Cosmológico Padrão (SCM), no qual são evocados para superar as dificuldades enfrentadas pela cosmologia de Friedmann. Duas fases distintas de expansão cósmica acelerada são esperadas de acordo com o SCM: a era inflacionária primordial e a recente expansão acelerada do universo. Nos artigos abaixo mostra-se que a matéria comum pode, sob certas circunstâncias, gerar efeitos gravitacionais repulsivos.

GUTH, A. *Phys. Rev. D*, v. 23, 1981, p. 347.

LINDE, A. "A New Inflationary Universe Scenario: A Possible Solution of the Horizon, Flatness, Homogeneity, Isotropy and Primordial Monopole Problems" in *Phys. Lett. B* v. 108, n. 389, 1982.

NOVELLO, M. e S. E. Perez Bergliaffa. "Bouncing Cosmologies" in *Phys. Rept.* v. 463, 2008, p. 127.

NOVELLO, M. "Cosmic repulsion" in CBPF *Notas de Física* v. 28, 1980; *Phys. Lett.* v. 90A, 1982, p. 347.

NOVELLO, M. e J. M. Salim. "Non-linear photons in the universe" *Phys. Rev. D*, v. 20, 1979, p. 377.

SCHOLZ, Erhard. "The unexpected ressurgence of Weyl geometry in late 20-th century physics", Disponível em: arXiv 1703.03187 v1, (2017).

STAROBINSKY, A. A. "Can the effective gravitational constant become negative?" in *Sov. Astron. Lett.* v. 7, 1981, p. 36.

Do princípio de Mach ao mecanismo cósmico de geração da massa

NOVELLO, M. "O mistério intrigante da origem da massa" in *Scientific American Brasil*, julho de 2011.

NOVELLO, M. "The gravitational mechanism to generate mass" in *Classical and Quantum Gravity* v. 28, 2011, 035003.

Manifesto cósmico II

LAUTMAN, Albert. *Les mathématiques, les idées et le réel physique*. Paris: Ed. J. Vrin, 2006 (original de 1977).

MARX, Karl e ENGELS, Friedrich. *Manifesto comunista* . São Paulo: Companhia das Letras, 2020.

MELNIKOV, Vitaly. *Variations of constants as a test of gravity, cosmology and unified models*. Grav. Cosmol., 2007, 13, n. 2 (50): 81.

NOVELLO, Mario. *Universo inacabado*. São Paulo: n-1 edições, 2018.

ROCHA, R. C. *Crise do capital e crise na produção científica*. 2021. 150f. Tese (Doutorado em Políticas Públicas e Formação Humana) – Instituto de Ciências Humanas, Universidade do Estado do Rio de Janeiro, Rio de Janeiro, 2021.

Dados Internacionais de Catalogação na Publicação (CIP) de acordo com ISBD

N939m   Novello, Mario

Manifesto Cósmico I e II / Mario Novello. –
São Paulo : n-1 edições, 2022.
94 p. ; 11cm x 18cm.

Inclui bibliografia e índice.
ISBN: 978-65-81097-30-1

1. Filosofia. 2. Cosmologia. 3. Ciência. I. Título.

2022-1997

CDD 100
CDU 1

Elaborado por Vagner Rodolfo da Silva - CRB-8/9410

Índice para catálogo sistemático:

1. Filosofia 100
2. Filosofia 1

n-1

O livro como imagem do mundo é de toda maneira uma ideia insípida. Na verdade não basta dizer Viva o múltiplo, grito de resto difícil de emitir. Nenhuma habilidade tipográfica, lexical ou mesmo sintática será suficiente para fazê-lo ouvir. É preciso fazer o múltiplo, não acrescentando sempre uma dimensão superior, mas, ao contrário, da maneira mais simples, com força de sobriedade, no nível das dimensões de que se dispõe, sempre n-1 (é somente assim que o uno faz parte do múltiplo, estando sempre subtraído dele). Subtrair o único da multiplicidade a ser constituída; escrever a n-1.

Gilles Deleuze e Félix Guattari

n-1edicoes.org

v. 98e2b3a